奇妙的动植物世界 | 生物百科

那些美丽的鸟儿

健 君 著

中州古籍出版社

图书在版编目（CIP）数据

那些美丽的鸟儿 / 健君著 . — 郑州 : 中州古籍出
版社 , 2016.9
　ISBN 978-7-5348-6016-4

　Ⅰ . ①那… Ⅱ . ①健… Ⅲ . ①鸟类－普及读物 Ⅳ .
① Q959.7-49

中国版本图书馆 CIP 数据核字 (2016) 第 055284 号

策划编辑：吴　浩
责任编辑：翟　楠　唐志辉
统筹策划：书之媒
装帧设计：严　潇
图片提供： fotolia
出版社：中州古籍出版社
　　　　（地址：郑州市经五路 66 号　电话：0371 – 65788808 65788179
　　　　邮政编码：450002）
发行单位：新华书店
承印单位：河北鹏润印刷有限公司
开本：710mm×1000mm　　　　1/16
印张：8　　　　　　　　　　字数：99 千字
版次：2016 年 9 月第 1 版　　印次：2017 年 7 月第 2 次印刷

定价：27.00 元
如本书有印装问题，由承印厂负责调换

前 言 PREFACE

　　广袤太空，神秘莫测；大千世界，无奇不有；人类历史，纷繁复杂；个体生命，奥妙无穷。我们所生活的地球是一个灿烂的生物世界。小到显微镜下才能看到的微生物，大到遨游于碧海的巨鲸，它们都过着丰富多彩的生活，展示了引人入胜的生命图景。

　　生物又称生命体、有机体，是有生命的个体。生物最重要和最基本的特征是能够进行新陈代谢及遗传。生物不仅能够进行合成代谢与分解代谢这两个相反的过程，而且可以进行繁殖，这是生命现象的基础所在。自然界是由生物和非生物的物质和能量组成的。无生命的物质和能量叫做非生物，而是否有新陈代谢是生物与非生物最本质的区别。地球上的植物约有50多万种，动物约有150多万种。多种多样的生物不仅维持了自然界的持续发展，而且构成了人类赖以生存和发展的基本条件。但是，现存的动植物种类与数量急剧减少，只有历史峰值的十分之一左右。这迫切需要我们行动起来，竭尽所能保护现有的生物物种，使我们的共同家园更美好。

　　本书以新颖的版式设计、图文并茂的编排形式和流畅有趣的语言叙述，全方位、多角度地探究了多领域的生物，使青少年体验到不一样的阅读感受和揭秘快感，为青少年展示出更广阔的认知视野和想象空间，满足其探求真相的好奇心，使其在获得宝贵知识的同时享受到愉悦的精神体验。

　　生命正是经过不断演化、繁衍、灭绝与复苏的循环，才形成了今天这样千姿百态、繁花似锦的生物界。人的生命和大自然息息相关，就让我们随着这套书走进多姿多彩的大自然，了解各种生物的奥秘，从而踏上探索生物的旅程吧！

目 录 CONTENTS

目
录

目
录

第一章
鸟中仙子——白鹤

　　白鹤，大型涉禽，略小于丹顶鹤，全长约130厘米，翼展210～250厘米，体重7～10千克；头前半部裸皮猩红色，嘴橘黄，腿粉红，除初级飞羽黑色外，全体洁白色，站立时其黑色初级飞羽不易看见，仅飞翔时黑色翅端明显。虹膜黄色。幼鸟金棕色。白鹤在中国文化中也是长寿的象征。广东珠海乡民有专门的"耍白鹤"活动。

白鹤的外形特征

幼鸟时的白鹤

秋季南迁幼鸟的额和面部无裸露部分，有稠密的锈黄色羽毛；头、颈及上背棕黄色，翅上也有棕黄色但初级飞羽黑色。从秋天到第二年春天，头、颈、体和尾覆羽白色羽毛逐渐增加，越冬后的亚成体除颈、肩尚留有黄色羽毛之外，其余部分的羽毛已换成白色，与成体相似。虹膜黄白色，嘴和脚肉红色。幼鸟虹膜土黄色，嘴和脚暗灰色，2年龄鸟脚变红色，3年龄鸟嘴亦变为红色。

成鸟时的白鹤

  成年白鹤两性相似，雌鹤略小。自嘴基、额至头顶以及两颊皮肤裸露，呈砖红色，并生有稀疏的短毛，此特征为其他鹤类所不具有。体羽白色，初级飞羽黑色，次级飞羽和三级飞羽白色。三级飞羽延长，覆盖于尾上，通常在站立时遮住黑色的初级飞羽，故外观全体为白色，但飞翔时可以看见黑色的初级飞羽。

依恋浅水湿地的白鹤

　　白鹤是对栖息地要求最特化的鹤类，对浅水湿地的依恋性很强。东部种群在俄罗斯的雅库特繁殖，不在北极苔原营巢，也不在近海河口低地、河流泛滩和高地营巢，而喜欢低地苔原，喜欢大面积的淡水和开阔的视野，其夏季主要营巢区约为82000平方米，定期营巢范围不超过30000平方米。

　　在繁殖地为杂食性，食物包括植物的根、地下茎、芽、种子、浆果以及昆虫、鱼、蛙、鼠类等。当有雪覆盖，植物性食物难以得到时，主要以旅鼠和鼬等动物为食；当5月中旬气温低于0℃时，白鹤主要吃蔓越橘；当湿地化冻后，它们吃芦苇块茎、蜻蜓稚虫和小鱼。在营巢季节主要吃植物，有藜芦的根，岩高兰的种子，木贼的芽和花蔺的根、茎等。

　　在南迁途中，白鹤在内蒙古大兴安岭林区的苔原沼泽地觅食水麦冬、泽泻、黑三棱等植物的嫩根及青蛙、小鱼等。在越冬地鄱阳湖，主要挖掘水下泥中的苦草、马来眼子菜、野荸荠、水蓼等水生植物的地下茎和根为食，约占其总食量的90%以上，其次也吃少量的蚌肉、小鱼、小螺和砂砾。

白鹤的分布范围

　　白鹤在中国主要分布在从东北到长江中下游地区，迁徙时见于河北（滦河口、北戴河），内蒙古（赤峰、达赉湖、兴安盟、哲里木盟），辽宁（双台河口、大连），吉林（莫莫格、向海），黑龙江（扎龙、林甸），安徽（武昌湖、升金湖、莱子湖），山东（黄河三角洲），河南（黄河故道、黑港口）等地区，越冬地主要在江西（鄱阳湖）和湖南（洞庭湖）地区。越冬期间零星个体见于辽宁瓦房店、江苏盐城和东台、浙江余姚、山东青岛沿海以及新疆霍城等地。

　　在世界范围内，白鹤有3个分离的种群，即东部种群、中部种群和西部种群。东部种群在西伯利亚东北部繁殖，在长江中下游越冬；中部种群在西伯利亚的库诺瓦特河下游繁殖，在印度拉贾斯坦邦的克拉迪奥国家公园越冬；西部种群在俄罗斯西北部繁殖，在里海南岸越冬。

单配制繁殖的白鹤

　　白鹤是单配制，5月下旬到达营巢地，此时苔原仍然冰雪覆盖，巢建在开阔沼泽的岸边，或周围水深20～60厘米有草的土墩上。巢简陋，巢材主要是枯草，巢呈扁平形，中央略凹陷，高出水面12～15厘米，巢间距10～20千米，有时只有2～3千米。

　　产卵期常与冰雪融化期一致，从5月下旬到6月中旬，每窝产卵2枚，卵呈暗橄榄色，钝端有大小不等的深褐色斑点。雌雄鹤交替孵卵，但以雌鹤为主。孵化期约为27天，孵化率仅为1/3，多数雏鹤于6月最后5天至7月前5天之间孵出，但只有1只幼鹤能活到可以飞翔。因为白鹤的幼鹤攻击性太强，较弱的常在长出飞羽之前死亡，较强的则在70～75日龄长出飞羽，90日龄能够飞翔。

　　国际鹤类基金会于1981年、北京动物园于1989年先后对雌鹤进行人工授精,经人工孵化繁殖成功;合肥野生动物园于2000年,在圈养条件下使1对白鹤自行选偶交配,自然繁殖成功,其后,2001年、2002年均再次繁殖成功。白鹤在繁殖地受到的干扰相对较小,主要受到石油开采和森林砍伐的威胁,当亲鹤不在巢边时,卵常被贼鸥、北极鸥和银鸥吃掉。

　　在集结地、迁飞停歇地和越冬地,白鹤主要的环境压力是由于人口增加和经济迅速发展导致湿地、鱼和芦苇等生物资源的丧失与破坏,以及放牧、使用非法渔具捕鱼等人为干扰;三峡工程运行有可能使长江中下游湿地的水面减少,从而对在此越冬的白鹤和其他鹤类产生不利的影响。

白鹤的生存危机

白鹤是濒危灭绝的动物之一，是由多方面因素导致的。

在鸟类濒临绝种的原因中，栖息地被破坏和改变占60%，人类捕杀占29%，其次是外来引入种群竞争、自身繁殖成活率低、国际性的环境污染等。可见人类破坏环境和捕杀是主要原因。

白鹤就是以上原因导致濒临灭绝的鸟类之一。现在我国白鹤的栖息地最主要的只有一个，那就是鄱阳湖。生活地稀少，食物来源

就少。在这个保护区内还有其他鸟类，跟白鹤竞争食物。

白鹤是候鸟，到秋天和春天时集成大群迁徙。这也给白鹤的生命造成了很大的威胁。白鹤迁徙飞行时排成"一"字形或"V"字形。迁移时最主要的能量来源就是体内脂肪。所以它们要在迁徙前吃饱喝足，不过这还是不够。在食物资源丰富的中途站，白鹤短短几天就可以让体重增加一倍，这种觅食效率是很惊人的。

迁移过程需要消耗大量的能量，还可能遇到不良的天气、迁移方向定位错误等问题，白鹤要不断适应不熟悉的新环境。风雨过后，总有白鹤受伤，特别是未成年的白鹤。小白鹤从刚出生到能飞起来要85天。在这期间，小鹤受到一点伤飞不起来就参加不了大迁徙，那就意味着它熬不过寒冷的冬天。

白鹤的迁徙路线

　　白鹤东部种群的迁徙路线，已由环志证明从雅库特向南迁飞5100千米到鄱阳湖越冬，途经俄罗斯的雅纳河、印迪吉尔卡河和科雷马河流域，进入中国后主要停歇地有扎龙、林甸、莫莫格以及双台河口、滦河口、黄河故道和升金湖等地。在莫莫格，途经此地的白鹤除部分种群作短期停留继续迁飞外，尚有一定数量的个体春秋季节皆在此地停歇30～40天。1985年、1986年春季首见日期都是3月25日，直到5月10日左右全部迁走；2000年4月27日见到528只；1983年、1984年秋季迁来日期均为9月14日。统计幼鹤的数量，发现1985年、1986年秋季平均3月龄幼鹤比例为22.3%，较同期白鹤越

冬地12月下旬统计到的幼鹤比例，平均高8.8%；1985年、1986年春季，在126只白鹤中，统计到9月龄幼鹤22只，占总数的17.5%，与同年秋

季比较，幼鹤比例降低了4.8%。

　　在鄱阳湖越冬的白鹤，10月下旬飞来，11月初已全部到达，12月至翌年1月分成小群活动，主要在大湖池浅水处觅食，在蚌湖集群过夜；2月下旬到3月初，气温达10℃以上时，逐渐集成大群北返，至3月底已全部迁走，越冬期达150天。活动时主要以家庭为单位，多为2成1幼，罕见1成1幼或2成无幼，亚成体集成10～12只小群在一起活动；觅食时，双亲还要饲喂幼鹤，直到翌年2月中旬幼鹤才开始自己挖泥取食。关于在鄱阳湖越冬白鹤的种群数量，1980年冬季，中国科学院动物研究所科研人员首次发现在大湖池有91只，此后历年统计，最高年份已接近4000只，可以认为有90%以上的白鹤东部种群在鄱阳湖越冬。

文化韵味浓厚的白鹤

白鹤在中国文化中占一席之地，象征吉祥长寿。

广东珠海三灶村民，每年农历新年初一开始活动至初七，都舞狮耍鹤。除夕夜，要为新扎的白鹤披红戴花，由德高望重的长者为白鹤点睛开光，即用新毛笔蘸朱砂点眼睛，以显其灵性威力。鹤舞是模仿白鹤梳理羽毛、寻找食物、喝水、飞翔、休息、蹲在一边听鹤歌等动作表演；鹤歌是鹤舞的重要部分，自编自唱，四句一组，长度不限，如果不想继续唱了，按照惯例，歌者只需唱一句"出齐羽毛飞上天"，鹤歌便结束了。歌词歌颂社会发展、好人好事、劝人从善、教人上进，有着寓教于乐的作用。

第二章
一行白鹭上青天

　　白鹭属共有13种鸟类，其中有大白鹭、中白鹭、白鹭（小白鹭）和雪鹭四种，体羽皆是全白，世通称白鹭。大白鹭体型大，冬羽无羽冠，也无胸饰羽；中白鹭体型中等，无羽冠但有胸饰羽；白鹭和雪鹭体型小，羽冠及胸饰羽全有。

白鹭的栖息胜地

中国拥有鹭科鸟禽20种，其中以白鹭属的最为珍贵。重庆九龙坡区白市驿镇三多桥村，有全国第一个白鹭自然保护区。区内有各种鹭类2万多只。厦门有10类鹭类，占中国鹭科鸟类总种数的50%。其中白鹭属的4个种齐全，反映了厦门的地理位置和湿地环境在鹭类资源分布上有典型性和代表性。近年来，每年厦门的鹭科鸟类数量高达3万只。按照国际标准，表明厦门海域潮间带及围海成湖的湖面，是有关鹭科鸟类的重要湿地。在江苏仪征市枣林湾也分布有白鹭。福建泉州市惠安县辋川镇峰崎村的麒麟山上也有许多白鹭。

三峡大坝蓄水后成为水鸟白鹭的重要栖息地，这使白鹭在中国的分布发生重大变化。这里成为观鸟胜地之一。

白鹭的生活习性

　　白鹭的羽毛价值高，羽衣多为白色，繁殖季节有颀长的装饰性婚羽。习性与其他鹭类大致相似，但有些种类有求偶表演，包括炫示其羽毛。白鹭成大群营巢，又无防御能力，结果因人类的滥捕而濒于绝灭。后来人们采取严格的保护措施，白鹭的数量又有所增加。

　　白鹭是涉禽，常去沼泽地、湖泊、潮湿的森林和其他湿地环境，捕食浅水中的小鱼、两栖类动物、爬虫类动物、哺乳动物和甲壳动物。白鹭以各式鱼虾为主食，觅食时会用一只脚在水中踩踏。白鹭往往在乔木或灌木上，或者在地面筑起凌乱的大巢。

白鹭的种类

大白鹭

大白鹭体大羽长，体长约90厘米，是白鹭属中体型较大者。夏羽的成鸟全身乳白色，嘴巴黑色，头有短小羽冠，肩及肩间着生成丛的长蓑羽，一直向后伸展，通常超过尾羽尖端10多厘米，有时不超过。蓑羽羽干基部强硬，至羽端渐小，羽支纤细分散；冬羽的成鸟背无蓑羽，头无羽冠，虹膜淡黄色。此鹭栖息于海滨、水田、湖泊、红树林及其他湿地。常见与其他鹭类

及鸬鹚等混在一起。大白鹭只在白天活动，步行时颈劲收缩成S形。飞时颈亦如此，同时脚向后伸直，超过尾部。繁殖时，眼圈的皮肤、眼先裸露部分和嘴黑色，嘴基绿黑色；胫裸露部分淡红灰色，脚和趾黑色。冬羽时期，嘴黄色，眼先裸露部分黄绿色。

中白鹭

中白鹭体长60厘米～70厘米，全身白色，眼先黄色，虹膜淡黄色，脚和趾黑色；繁殖羽背部和前颈下部有蓑状饰羽，头后有不甚明显的冠羽，嘴黑色。栖息和活动于河流、湖泊、水稻田、海边和水塘岸边浅水处。常单独、成对或成小群活动，有时亦与其他鹭混群。生性胆小，很远见人即飞。飞行时颈缩成"S"形，两脚直伸向后，超出于尾外，两翅鼓动缓慢，飞行从容不迫，且成直线飞行。主要以小鱼、虾、蛙、蝗虫、蝼蛄等动物为食。中白鹭在我国南方为夏候鸟，亦有部分留下越冬。

小白鹭

小白鹭体态纤瘦，乳白色。夏羽的成鸟繁殖时枕部着生两条狭长而软的矛状羽，状若双辫；肩和胸着生蓑羽，冬羽时蓑羽常全部脱落，虹膜黄色；脸的裸露部分黄绿色，嘴黑色，嘴裂处及下嘴基

部淡角黄色；胫与脚部黑色，趾和角黄绿色。通常简称为白鹭。小白鹭常栖息于稻田、沼泽、池塘间以及海岸浅滩的红树林里。常曲缩一脚于腹下，仅以一脚独立。白天觅食，好食小鱼、蛙、虾及昆虫等。繁殖期3～7月。繁殖时成群，常和其他鹭类在一起，雌雄均参加营巢，次年常到旧巢处重新修葺使用。卵蓝绿色，壳面滑。雌雄共同抱卵。卵23天出雏。

黄嘴白鹭

黄嘴白鹭又名老白鹭、唐白鹭等，是一种中型涉禽，体长为46～65厘米，体重320～650克。雌鸟略小。黄嘴白鹭的姿态十分优雅，身体纤瘦而修长，嘴、颈、脚均很长，身体轻盈，有利于飞翔。

它披着一身白色的羽毛，一尘不染，显得高傲。但羽色在夏季和冬季有很大的变化，夏季嘴为橙黄色，脚为黑色，趾为黄色，眼先为蓝色；枕部着生有多枚细长白羽组成的矛状长形冠羽，最长的两枚长10多厘米，像一对细柔的辫子，迎风飘扬，美丽动人。背部、肩部和前颈的下部着生有羽枝分散的蓑状的长饰羽，所以被称为蓑羽，向后延伸超出尾羽端部，前颈基部的蓑羽则垂至下胸，就像丝线一样。

在黄嘴白鹭的胸部、腰侧和大腿的基部，还生有一种特殊的羽毛，能不停地生长，先端不断地破碎为粉粒状，就像滑石粉一样可以将黏附在体羽上的鱼类黏液等污物清除掉，起着清洁羽毛的作用。冬季嘴变为暗褐色，下嘴的基部呈黄色，眼先为黄绿色，脚也是黄绿色，背部、肩部和前颈的蓑状饰羽也统统消失了。

黄嘴白鹭的祖先出现于700万年前的中新世，现生的种群没有亚种分化，在国外见于俄罗斯、日本、朝鲜、菲律宾、马来西亚和印度尼西亚等地，在我国分布于河北、山西、内蒙古、辽宁、吉林、江苏、浙江、福建、台湾、山东、河南、广东、香港、海南等地，其中在辽宁、吉林为夏候鸟，在西沙群岛为冬候鸟，其他各地大多为旅鸟。

黄嘴白鹭栖息于沿海岛屿、海岸、海湾、河口及其沿海附近的江河、湖泊、水塘、溪流、水稻田和沼泽地带。单独、成对或集成小群活动的情况都能见到，偶尔也有数十只在一起的大群。

白天多飞到海岸附近的溪流、江河、盐田和水稻田中活动和觅食。飞行时头往回收缩至肩

背处，颈向下曲成袋状，两脚向后伸直，远远突出于短短的尾羽后面，两个宽大的翅膀缓慢地鼓动飞翔，动作显得从容不迫，十分优美。我国古代《诗·周颂》中就用"振鹭于飞，于彼西雍"来形容它飞翔时的气势不凡。

黄嘴白鹭每年4月和11月进行春秋两季的迁徙活动。主要以各种小型鱼类为食，也吃虾、蟹、蝌蚪和水生昆虫等动物性食物。通常漫步在河边、盐田或水田中边走边啄食，它的长嘴、长颈和长腿对于捕食水中的动物显得非常方便。捕食的时候，它轻轻地涉水漫步向前，眼睛一刻不停地望着水里活动的小动物，然后突然地用长嘴向水中猛地一啄，将食物准确地啄到嘴里。有时也常伫立于水边，伺机捕食过往的鱼类。

距离相近的鸟巢

　　白鹭的繁殖期为每年的5～7月，营巢于近海岸的岛屿和海岸悬岩处的岩石上或矮小的树杈之间。喜欢成群地在一起营巢，有人曾经在一块仅有大约20平方米的悬岩的岩顶上发现了14个巢，而且在相邻的一块仅有10多平方米的悬岩的岩顶上，还有11个巢，每个巢之间的距离为14厘米～76厘米。

　　从前在台湾，也曾有黄嘴白鹭和白鹭、牛背鹭、夜鹭和苍鹭等

混群营巢的现象。巢的形状为浅碟形，结构较为简单，主要以枯草茎和草叶构成。巢筑于矮树上，距地面的高度最高的也不超过1米，也有在矮树下的草丛间筑巢的。每窝产卵2～4枚，卵的形状为卵圆形，颜色为淡蓝色。孵化期为24～26天。

黄嘴白鹭曾经是中国南部沿海常见的夏候鸟，特别是在广东汕头到福建福州一带的海岸较为普遍。20世纪60年代在东北的鸭绿江和吉林东部的珲春也曾见到，80年代初在辽东半岛及沿海岛屿发现的营巢种群有200～300对，在海边时常可以见到数十只的大群在海岸附近的水域觅食。

但是，由于环境的破坏和人为干扰，特别是由于它的纯白色毛状羽和蓑羽是极为贵重的装饰品，每年猎取的数量都很多，所以近来种群数量有明显下降，已经变得非常难得一见了。

据1990年和1992年国际水禽研究局组织的亚洲隆冬水鸟调查，1992年在我国仅见到143只，此外还在东南亚见到448只。目前黄嘴白鹭已被国际鸟类保护委员会（ICBP）列入世界濒危鸟类红皮书中，我国将其列为国家 II 级保护动物。

第三章
高雅美丽的蓝鹤

　　蓝鹤高雅而美丽的外表给人留下深刻的印象。它有多层柔美而纤长的羽毛，由此构成特别长的"内翅"（三级飞翔），乍一看，会使人以为它有很长的尾翼，其实不然。大多数鹤类在头部和脸部都会有艳丽的装饰，最典型的就是头部有红色羽毛或者红色的裸皮，而全身羽毛则纯黑、纯灰或纯白，偶尔会间以明显的条纹，或配有精美的鸟冠。

蓝鹤与其他鹤类的区别

　　全世界共有15种鹤，而蓝鹤是非洲所拥有的6种鹤之一。它高雅而美丽的外表给人留下深刻的印象。它有多层柔美而纤长的羽毛，由此构成特别长的"内翅"（三级飞翔），乍一看，会使人以为它有很长的尾翼，其实不然。大多数鹤类在头部和脸部都会有艳丽的装饰，最典型的就是头部有红色羽毛或者红色的裸皮，而全身羽毛则纯黑、纯灰或纯白，偶尔会间以明显的条纹，或配有精美的鸟冠。

可是在这方面，蓝鹤却非常朴实无华。它的头形很一般，仿佛只给自己挑选了一顶朴素无檐的便帽。但头后部的羽毛却长得特别长，顺顺滑滑地构成一个弧形，使头部看起来非常圆润，也将颈子衬托得特别纤细。

鹤是湿地鸟类，"进化链"与鹤形目相关。在这个族群中，有各种各样的秧鸡、黑水鸡、红骨顶鸡、泽鸡和白骨顶鸡等。秧鸡类相对比较小，体矮胖，喜欢躲躲闪闪、藏藏掖掖的。无论是从长相还是从举止上看，跟优雅大方的鹤确实很难相提并论。但是，种种细微的迹象表明，二者又的确属于同一种源。

例如，在换羽时，它们都是一次性换完，而不是陆陆续续换掉的；还有，它们都选择平地筑巢孵卵。跟其他同类所不同的是，蓝鹤和它的近亲蓑羽鹤已经从湿地"解放出来了"。对于它们，湿地仅是一处栖息地，至于觅食和筑巢孵卵这类事情，它们都会在旱地上完成。只不过，蓝鹤选择筑巢的草地，往往与潮湿地带比较接近而已。大多数现存的鹤类，比如南非的灰冠鹤和垂肉鹤也都会离开湿地到别处觅食，至少会偶尔如此。不过到了繁殖期，它们肯定还会回到湿地。

由于已经能够从很有局限性的湿地"解放"出来，所以在南部非洲的3个鹤种之中，蓝鹤成为数量最大、分布最广的一种。然而，除了栖息地的区别之外，蓝鹤在其他生活习性上，与自己的同类仍是十分相像的。作为一个群体，鹤类最明显的特征就是它们行为模式的保守性。在这方面，无论是哪一种鹤，都十分相像。在觅食方面，虽然不同的鹤对食物各有所爱，但基本上都以植物为主，辅以各种昆虫，在繁殖期尤其如此。实际上，所有鹤类都喜欢到刚发芽的农田去捞取可以轻而易举获得的"外快"，此举往往会导致它们和农民之间发生冲突。

也许是因为它们具有雍容华贵的帝王气质吧，所以在与配偶的

关系上，它们是十分忠诚的。这使得它们在悠久的民间传说中一直拥有良好的口碑。在鹤类社会，一旦双方确定了配偶关系，那么彼此肯定会"从一而终"，直至其中一方去世。最令人称奇的是，双方只要"结了婚"，肯定会时时刻刻形影不离，极少出现一方远离对方视野的情况。甚至在非繁殖期，当"夫妻俩"要暂时回到群体中过集体生活时，它们仍会恩爱有加，如影随形，时刻保持着"公不离婆，秤不离砣"的亲密状态。鹤群的另一个惹人喜爱的特征，是它们那引人入胜的舞姿。翩翩起舞是它们的一种习俗，舞者既可以是一对恩爱夫妻，也可以是鹤群中正含情脉脉企图寻找配偶的年轻的鹤。

有趣的生活习性

　　蓝鹤一般在春天筑巢孵蛋，通常一窝蛋只有两枚。有时这两枚蛋就直接产在光秃秃的地面上。但如果仔细观察，你会在蛋的底部发现一层不很明显的、薄薄的垫子。它是由干草、动物排泄物，甚至小石头等物构成的。在观察过的一个鹤巢里，就发现有几百件这

样的小东西。蓝鹤应该属于在繁殖期会变得特别醒目而漂亮的鸟类。而在选址筑巢方面，它们显然十分粗心，过于草率。它们用于孵蛋的鸟巢总是筑在毫无遮掩的平地上，另外，它们全身的羽毛也毫无伪装。在这方面它们跟其他一些同样喜欢在平地上筑巢孵蛋的大型鸟类相比，如斯坦利的地鸨，就大不一样。通常，人们在大约1公里之外就可以发现正在孵蛋的蓝鹤。

那么，古时候这种鸟到底是如何与非洲那些凶猛的食肉动物周旋的呢？这简直是一个谜。也许，其成功之道全仗它们那种与生俱来的高度警惕性。不错，你可以从很远的地方发现正在孵蛋的蓝鹤，但是请放心，它肯定会在你发现它之前就早已发现了你。只要你流露出一丝企图靠近它的迹象，它就会警觉地倏然离去。待你向鸟巢附近靠拢时，它早就跑到几百米之外了。这时，除非你在此前已经为这个鸟巢仔细做好记号，否则根本找不到它。

大鸟通常会将孵出来的两只雏鸟一起喂养，这一点很令人吃惊。因为在圈养的蓝鹤中，新生的小蓝鹤表现得十分好斗。如果不及时将同一窝的两只雏鸟隔离开来，肯定会造成二者相斗，两败俱伤。不过，这种现象通常会在一个星期左右就自然消失了。在野生环境中，解决这一问题的巧妙方法就是及时将刚孵出的雏鸟带开。对自己的"新生儿"采取"骨肉分离法"，是一些秧鸡类鸟的又一特性。父母双方各带开一只雏鸟，并负责养育它，经此来解决这一难题。但是，雏鸟为什么会具有这种天生的"杀亲"本能，至今仍是一个有待解释的问题。为了保护自己的雏鸟，蓝鹤通常会做出一些吸引人注意的掩护动作，比如展开双翅，或假装受伤等，就像大鸨常做的那样。有一点是很明确的，那就是当它们的家庭受到只有中等个子的猛兽，比如狗的威胁时，它们也敢于无所畏惧地迎战。这个时候，它们那利如双刃剑的细长鸟喙，也不是好对付的。

　　繁殖期结束之后，蓝鹤"夫妻"带着已经基本上长大了的幼鸟，回到由非繁殖期的蓝鹤组成的鹤群中过集体生活。然后，几乎在整年的时间里都随同鹤群在栖息地活动。鹤群里当然还有很多年轻的蓝鹤，正等待着自己繁殖期的到来。下一个筑巢周期来临之时，繁殖期的蓝鹤"夫妻"就会离开鹤群，将自己的后代留在"亲戚"中间，让它们代为照看，直至这些幼鹤长大成熟，进入繁殖期，并组成自己的家庭。

　　世界上有许多种鹤都具有迁徙性，每年都在相隔数千公里的繁殖地和越冬地之间季节性地飞来飞去。在这一点上，蓝鹤和其他的鹤也没什么两样。尤其是到了冬季，它们总会离开海拔较高的繁殖地。但是它们迁徙的准确模式至今还没能搞清楚，而且经常出现颇为矛盾的现象。在许多文

章中，关于蓝鹤的迁徙行为众说纷纭。几乎有多少作者就有多少种说法。其实，就是最近的一次对小群蓝鹤的卫星跟踪，也只能比较深入地揭示蓝鹤在自己"区域内"的活动规律。

国鸟的命运

　　蓝鹤是南非的国鸟。然而最近，在为南非军队制服的盾形纹章选择新标志时，它败给了具有战士雄风的"秘书鸟"——鹭鹰。蓝鹤同时也是先前的"南非鸟类学会"的会标，不过最近新成立的"南非鸟生活"组织，则以国际通用的燕鸥标志作为其会标。其实用蓝鹤作为象征南非的国鸟是再合适不过了，它个头够大，体形独特优美，外表安详而自信。尤其是当它偶尔像芭蕾舞者那样旋转着翩翩起舞时，或是快乐地"高歌"时，就更能充分地展示它超凡脱俗的气质了。最重要的还是它所独具的土生土长的"地方性"。蓝鹤原本只分布在南非，唯独有一个小分支，远离它们南方的"表亲"，北上栖息在纳米比亚的埃托沙盐沼地。蓝鹤也会季节性地跨越国界，飞到邻近的莱索托、斯威士兰、博茨瓦纳，甚至津巴布韦等国家，偶尔还会在这些地方筑巢。不过，可以肯定的是，99％的蓝鹤是以南非为家的。

　　遗憾的是，其实它们在"家"里所得到的待遇并不很好。就像它们出现在各种纹章标志上的机会在减少一样，野生蓝鹤数量也在减少，二者之间似乎不无关系。的确，不再把它们当作军服纹章标志的理由之一，就是它们已经丧失了过去那种"无处不在"的优势。

在许多它们以前栖息的地方，已很难见到它们的踪影。

所幸的是，蓝鹤的厄运还不至于差到"绝望"的境地，如今它们的状况有好有坏、参差不齐。境况最差的是那些原本分布在辽阔的草原生物群落区的蓝鹤，草原曾经是它们可靠的"根据地"。可如今在这类地区，90％的蓝鹤已经在过去的20年中逐渐消失了，只剩下大约9000只还稀稀拉拉地"坚守"在这里。起先，人们对这一严重情况并无觉察，等到发现时已经悔之晚矣，导致这悲剧发生的主要原因是中毒死亡。

漫不经心、不负责任地滥施农药是最主要的祸源。更为恶劣的是，有些农民在发现蓝鹤"入侵"他们的农田时，会有目的地针对蓝鹤施放毒药。当然，也有的蓝鹤是在农民对其他鸟类或哺乳类"入侵者"施放毒药时被"误杀"的。甚至是因为农民为了"打野食"而下药捕捉其他鸟时，"捎带着"丧命的。

和世界其他地方一样，在南非，作为野生动物栖息地之一的草原地带，是承受人类破坏压力最大的地区之一。因为，有许多颇具威胁的其他因素都与草地有关。比如，在草原地带人居稠密，能给像蓝鹤这样的大鸟留下的生存空间就十分有限了。尤其是当它们要寻找一块比较安静的地方筑巢孵蛋时，就更感到难以落脚。大规模"地毯式"的商业性造林活动也在很大程度上剥夺了活动范围较大的蓝鹤所需要的开阔地。此外，在海拔4000米以上的高原地带以及其他地方，像迷宫一样分布得越来越广泛的高压电线对蓝鹤的威胁也不小。一旦撞上了，它们总会九死一生，很少能幸免于难。造成威胁的因素还有，由于推行"一统经"的农田连片耕作法，田地与田地之间完全没有了间隔，这就更加缩小了蓝鹤可能生存的空间。因而出现了这样一种特殊的现象：蓝鹤群从西部的草原生物群落区，向与之相邻的干燥地东部半干旱地区"渗透"。显然，这种贫瘠的草地稀疏的地方并不是它们理想的栖息地。在这里，它们也只能稀稀拉拉地勉强落下脚。

不过好消息还是有的。它们来到西海岬的生物群落区，特别是位于波特河的摩色尔湾之间的南部沿海平原上的"山那边"一带。从历史上看，这里以前从来就没有过蓝鹤。因为在这里，贫瘠的土

地被多叶的灌木丛密密匝匝地覆盖着，这种环境并不适合蓝鹤栖息。然而，在人们进行了农业开发之后，蓝鹤陆陆续续地来了，数目还相当可观。

刚开始时，迁来的蓝鹤并不很多，它们的迁徙处于一种"低调"状态。在20世纪70年代至80年代，由于人们在这里采取了庄稼地休耕、农田与牧场轮流变换等混合型农业运作方法，使得这里的生态环境大大改善，这样一来，此地蓝鹤的数量简直是爆炸性地猛增。可喜的是，这一现象也向西部沿海平原蔓延，一直发展到斯瓦特兰。对这一地区蓝鹤数量的统计表明，在西海岬有6000～10000只。

不过，这里还存在着一个致命的问题：在南部这一片新发现的蓝鹤的"人造天堂"里，蓝鹤的繁荣完全依赖于农民耕作的"时尚"，或者说"流行模式"。如果有一天，人们由于兴致所至使流行的农田与牧场轮流变换的方法不再"时尚"了，那么蓝鹤群从该地区消失的速度，肯定会像它们当初突然猛增的速度一样。

近几十年来，南非对蓝鹤的保护力度在加大。最初，只是向农

场主强调这一问题。如今，已重视对所有农业工人进行教育。此外，在全国范围内还普遍开展了沿路计算蓝鹤数量的活动，以监控蓝鹤（包括其他大鸟）的数量。这种努力是具有典范作用的，为其他地方的鸟类保护工作树立了榜样。但是，如果想更长久地保护好蓝鹤，那么我们还需学习和掌握更多关于野生蓝鹤的生物学方面的知识。

第四章
草原上的贵族——百灵

　　百灵俗称百灵鸟或沙百灵，也称为蒙古鹨。它是被国内外熟知的观赏笼鸟之一。产于中国内蒙古广大地区及河北省的北部、青海省东部等地。多为终年留居或繁殖鸟。

　　一般情况下，百灵也可作为百灵科的简称。

鸟中歌手

百灵是草原上盛产的名贵鸟类。它一般栖息在河北省张家口地区的坝上，张家口的人都把它叫"云雀"。百灵可以若无其事、一动不动地学习许多鸟类和小动物的声音，它的叫声响亮且能够维持很长时间，声色委婉动听，在高空中可以直抵云霄，把它关在笼子里也能歌善舞，因此被称为"鸟中歌手"。

百灵是草原上的代表性鸟类，属于小型鸣禽。它们的头上常有漂亮的具羽冠，嘴较细小而呈圆锥状，有些种类长而稍弯曲。鼻孔上常有悬羽掩盖。翅膀稍尖长，尾翅较短，跗跖后缘较钝，具有盾状鳞，后爪又长又直。

我国常见的种类有沙百灵、云雀、角百灵、小沙百灵、斑百灵、歌百灵和蒙古百灵等。沙百灵与云雀能从地面腾空而起，直冲云霄，在空中保持着上、下、前、后力的平衡，一边飞翔一边鸣唱。

角百灵常常悄悄地在地上奔跑，或站在高处窥视周围的动静，行动较为诡秘。凤头百灵因头顶有一簇直立成单角状的黑色长羽构成的羽冠而得名。它生性大方，喜欢在道路上觅食，旁若无人。雌鸟在孵卵时也不像其他鸟类那样容易惊飞。

与众不同的百灵

百灵的形态

　　百灵成年时体形就较小，长19厘米，重约30克。栗红色是雄性百灵的特点，它的头部和后颈也拥有和额头一样的颜色，眉毛和眼眶周围白而发棕的色泽更是好看。它的眉毛最有特点，眉纹一直长到了枕部。百灵背部和腰部主要呈现栗褐色，翅膀外侧的羽毛呈现

黑褐色，以栗褐色为主色的尾部边缘稍有发白。胸前有两个对称的黑斑条纹，正好和胸部以上的部分连接起来。额头部分和喉咙处都长有白色的羽毛，正好和身体以下棕白色的毛色衬托起来。

百灵雌性的体色和雄性的几乎一样，但是，雌鸟额头和颈部的栗红色毛发比雄鸟的少，身体上的羽毛也偏近于淡淡的褐色，而胸前的那两条黑斑条纹没有雄性的百灵那么明显。嘴部的颜色为土黄色，足部脚趾是肉粉色的，它的爪子和一般鸟类不同，尤其是后爪，要比普通鸟类的大一些，而且还径直的伸向后方。爪部颜色为褐色。

百灵栖息于干旱山地、荒漠、草地或岩石上，非繁殖期多结群生活，常作短距离低飞或奔跑，取食昆虫和草籽。繁殖期5～7月，营巢于草丛基部的地面上，每窝产卵4～5枚，卵浅褐色或近白色，上密缀褐色细斑。

百灵为中国西北地区留鸟、夏候鸟，迁延时北部地区数量较多。

百灵的生活习性

钟情草原的百灵

　　野生百灵鸟栖息于广阔的草原，高飞时直入云霄，且飞且鸣，姿态优美，有区别于其他鸣禽的美态。百灵喜欢在地面上活动，是一种易于驯养的鸣禽。在野生环境中，百灵鸟能顺利度过夏季30℃以上的高温干热天气，也能度过结冰的低温，但在大雪之际，为觅食充饥，常会作短暂的结群迁徙。多半时间，百灵栖于荒漠草原，出没在草滩沙丘间，甚喜沙浴，用以降温防热，并可清理羽毛和体表的污物。

食性繁杂的百灵

　　百灵的食性较杂，春食嫩草芽、杂草及杂草种子等；夏季和秋季主食昆虫；冬食草子和多种谷类，也取食昆虫和虫卵。百灵从不

危害农作物，在春末和夏季育雏期内，捕食大量昆虫为食，是产粮区内的重要益鸟。

百灵的营巢

百灵营巢于地面稍凹处或草丛间，巢区内多有杂草掩蔽。有时也营巢在耕地的胡麻、小麦、莜麦等农作物的植株间凹陷处。巢由雌雄亲鸟共同营筑，以枯叶、杂草及泥土垒砌而成。卵产于5～7月，卵亮呈白色而略现沙黄色，壳面光滑并有褐色细斑。孵化期12～15天，雏鸟出壳前1～2天，雌鸟停止离巢觅食，常由守卫巢旁的雄鸟衔食归巢饲喂雌鸟。初生雏鸟留巢7～8天，以后随亲鸟离巢活动，但仍由雌雄亲鸟饲喂。22～25日龄雏鸟开始飞翔、捕食，并独立生活。每对亲鸟一年可产卵1～3巢，育成1～2巢幼鸟。

042

最著名的蒙古百灵，为百灵科的典型代表。其体长约19厘米，体羽呈砂色，具暗色纵纹；后爪长而直；嘴圆锥形，略尖细。主要分布于中国青海和内蒙古地区，栖息于草原、沙漠、近水草地等空旷地区。也有一些种类栖居于小灌丛间。主要以草籽、嫩芽等为食，也捕食少量昆虫，如蚱蜢、蝗虫等。脚强健、善奔走，受惊扰时常藏匿不动，因有保护色而不易被发觉。秋冬季常结集大群活动。营巢在土坎、草丛根部地上，巢呈浅杯形，用杂草构成，置于地面稍凹处或草丛间，其上有垂草掩蔽。5～6月间产卵，卵白色或近黄，表面光滑而具褐色细斑，大小约为23mm×18mm。鸣声响亮，婉转动听，常高翔云间，且飞且鸣。为中国传统的名贵笼鸟。

百灵的现状

　　百灵是雀形目百灵科鸣禽，约有75种。分布在整个东半球大陆地区，只有角百灵见于西半球。百灵喙的形状极不相同，小而呈窄圆锥形，或长而向下弯曲；后爪长而直；羽衣素色或有条纹（雌、雄鸟常相同），颜色与土壤相同。体长13厘米～23厘米。集群在地上寻食昆虫和种子。鸣声尖细而优美。雄鸟求偶时在空中鸣唱或在高空拍动翅膀。

人工如何饲养百灵

如何选择好的百灵鸟

百灵科的鸟大多羽衣朴素、善鸣啭和模仿声音。百灵、沙百灵、角百灵、凤头百灵等属的鸟是广为人们喜爱的笼鸟。比较普遍的是云雀（俗称云燕、鱼鳞燕、叫天子），我国南北方都有饲养。歌百灵

只在南方有饲养。沙百灵（窝勒）、凤头百灵（凤头窝勒）则多见于华北地区。最著名的是百灵，它体型大，羽色较美丽，叫声洪亮而善模仿。

百灵科的鸟均需从幼鸟开始饲养，成鸟难以驯顺和调教。从幼鸟中挑选雄鸟是比较困难的，需要仔细观察、综合判断。如百灵，在第一次幼羽时期可选择嘴粗壮、尖端稍钩、嘴裂（角）深、头大额宽、眼大有神、翅上鳞状斑大而清晰、叫声尖的鸟。第二次幼羽时期已近似成鸟，要着重选择上胸黑色带斑发达、头及身体羽色鲜艳、斑纹清晰、后趾爪长而平直的鸟。

野生百灵与家养百灵的区别是：野外捕捉的成年百灵羽色鲜艳，羽毛整齐，足趾油亮而呈暗红色，爪黑色；家养百灵羽色稍暗淡，羽毛常有不同程度的磨损，足趾粉红，爪黄色。野生百灵，怕人，常突然猛撞；家养百灵则较安详，即使受惊，也不拼命撞笼子。

饲料和喂法

幼鸟需人工填喂，把绿豆面或豌豆面、熟鸡蛋（或鸭蛋）黄、玉米面三者以5：3：2的比例搓匀，加水和成面团，用手捻成两头尖的长条，拨弄鸟嘴或以声音引诱鸟张嘴，蘸水填入。幼鸟数量多时，一定要逐个填喂，以免有的幼鸟吃不上食。每天填喂5～8次，不给水也不喂菜，待鸟能自己啄食后，把拌好的饲料放软食抹内任其啄食，仍不给水，但可喂切碎的马齿苋菜。当体型、羽色近似成鸟时（第二次幼羽齐），方可喂给干饲料和饮水。幼百灵的饲料因地而异，有加花生米粉的、有喂鸡用混合粉料搓鸡蛋的，也有的纯喂蝗虫、

蚱蜢。

　　百灵成鸟饲料各地不同，有的喂谷、黍、苏子或苎麻等的种子，有的喂鸡用混合粉料搓熟鸡蛋。从营养、卫生、节约考虑，喂补充"添加剂"的鸡蛋小米较好，换羽期再经常喂些面粉虫、蝗虫、蚱蜢、叶菜等。

管理和调教

　　百灵食水罐宜深不宜大，多为半圆柱或倒棱锥形。平的一面紧贴笼的底圈，隔1～2日添换一次食水。笼底砂土要细匀，保持清洁、干燥，每周清换1～2次（夏季），平时可用铁丝或竹棍将粪便夹出。一般不用罩笼套，但在遛鸟时或让它学别的鸟鸣叫时需要罩上。为使百灵鸟晚上灯下鸣叫，白天应罩上。夏季南方蚊虫多，夜间也须罩上，以防蚊叮。

为了驯熟，昆虫幼虫、蝗虫、蚱蜢等动物性饵料应用手拿着喂。为培养鸟儿上台歌唱的习惯，可在鸣台外边围一硬纸壳圈，稍高于笼的底圈，并常用夹粪棍捅其脚让它上台，或者常在鸣台上喂"活食"。

培养百灵鸟鸣叫是很费工夫的。幼鸟绒羽一掉完，雄鸟喉部就常鼓动，发出细小的嘀咕声，俗称"拉锁"。此时就该让它学叫。用驯成功的老鸟"带"最省事，也可到自然界去"呷"或请"教师鸟"。有的用放录音的方法，但有时声音失真，还需到野外或由其他鸟矫正。

百灵的"叫口"，我国讲究"十三套"，即会学十三种鸟、兽、虫鸣叫的声音。但这"十三套"的内容、先后排列却因地而异。南

方笼养百灵允许有画眉的叫口，而在北方却忌讳。北方笼养百灵的基本叫口要有沼泽山雀的鸣叫声，南方则不要求。北方所谓的"十三套百灵"有麻雀噪林、喜鹊迎春、家燕细语、母鸡报蛋、猫叫、狗吠、黄雀喜鸣、小车轴声、老鹰威鸣、蝈蝈叫、油葫芦叫、水梢铃声、仔仔红叫。

驯养方法

　　百灵鸟关在笼子里时一定要细心地饲养，要有耐心，从雏鸟就要开始训练，还必须做到以下几点：不能害怕身边的各种车辆，见到五彩斑斓的颜色时也不会惊慌，遇到人们围观时也不惊叫。在百灵的笼子里放上凤凰台，让它学会上下凤凰台。早上晚上都要带它们外出散步。要开口学叫时，身边最好有一只优秀的成年百灵鸟陪伴，这也就是小百灵的师傅。师傅当然是固定的好，师傅太多也会使小百灵出现杂口、乱叫的情况。在学习鸣叫时的小百灵最好用一个布罩将笼子笼罩起来，让它们学会静听。大约三五个月后，小百灵一定能成为一只好鸟。普通的百灵也会叫唱10余种声调，要是它

们在表演时既能唱又能展翅高飞，那就是一只很好的鸟了。如果从来都没有被调教过的百灵，只会自己鸣唱的，那就不具有太大的观赏价值。

比较著名的百灵鸟种类

百灵鸟是百灵科各种鸟类的通称，该科下分8个属15种：

二斑百灵

物种分类：雀形目，百灵科，百灵属。

形态：体型略大（16.5厘米），粗壮而尾短。嘴厚且钝，眉纹及眼下方的小斑纹白色。颔、喉及半颈环白，其下有黑色的项纹。上体具浓褐色杂斑，下体白，两胁棕色，胸侧有纵纹。飞行时翼下暗而略灰，无白色的翼后缘，尾有狭窄的白色羽端，但无白色羽缘。虹膜

褐色，嘴偏粉色，上嘴中线及嘴端色深，脚橘黄。

叫声：飞行叫声沙哑洪亮，似短趾百灵。鸣声从地面或于盘旋飞行时发出，为多变调的短句并常加上拖长的卷舌音。

分布范围：分布于小亚细亚、西南亚；越冬至阿拉伯、非洲东北部、印度西北部及中国西部。

分布状况：指名亚种为留鸟于新疆西部（喀什、准噶尔盆地北部、博格达山及塔里木盆地南部），迷鸟记录远及日本。

习性：飞行低而波状起伏。

蒙古百灵

物种分类：雀形目，百灵科，百灵属。

分布：蒙古百灵分布于欧亚大陆及非洲北部（包括整个欧洲、

北回归线以北的非洲地区、阿拉伯半岛以及喜马拉雅山—横断山脉—岷山—秦岭—淮河以北的亚洲地区），为中国内蒙古及其周边地区较常见的留鸟。

特征：全长约18厘米。上体黄褐色，具棕黄色羽缘，头顶周围栗色，中央浅棕色；下体白色，胸部具有不连接的宽阔横带，两肋稍杂以栗纹，颊部皮黄色。两条长而显著的白色眉纹在枕部相接。初级飞羽黑褐色，具白色翅斑，最外侧一对尾羽白色，其余尾羽深褐色，后爪长而稍弯曲。雌鸟似雄鸟，但颜色暗淡。

习性：栖息于草原、沙漠、近水草地等空旷地区。也有一些种类栖居于小灌木丛间。主要以草籽、嫩芽等为食，也捕食少量昆虫，如蚱蜢、蝗虫等。脚强健、善奔走，受惊扰时常藏匿不动，因有保护色而不易被发觉。秋冬季常结集大群活动。营巢在土坎、草丛根部地上，巢呈浅杯形，用杂草构成，其上有垂草掩蔽。5～6月产卵。卵白色或近黄，表面光滑而具褐色细斑，大小约为23毫米×18毫米。

凤头百灵

物种分类：雀形目，百灵科，百灵属。

分布及习性：分布于欧洲至中东、非洲、中亚，以及蒙古、朝鲜和中国等地。卵生，栖于干燥平原、半荒漠及农耕地，于栖处或高空飞行时鸣唱。

特征：凤头百灵体型略大（18厘米），具褐色纵纹，冠羽长而窄，上体沙褐而具近黑色纵纹，胸密布近黑色纵纹，下体浅皮黄，尾覆羽皮黄色。看似矮墩而尾短，嘴略长而下弯。飞行时两翼宽，翼下锈色，尾深褐而两侧黄褐。幼鸟上体密布点斑。与云雀区别在侧影显大而羽冠尖，嘴较长且弯，耳羽较少棕色且无白色的后翼缘。

虹膜深褐，嘴黄粉色，嘴端深色，脚偏粉色。

　　叫声：升空时作清晰的du-ee、笛音ee或uu。鸣声为4～6音节甜美而哀婉的短句。不断重复且间杂着颤音。较云雀的鸣声慢、短而清晰。

云雀

简介：云雀是一类鸣禽。全世界大约有75种。云雀的喙由于种的不同，可能有多种多样的形态，有的细小成圆锥形，有的则长而向下弯曲。它们的爪较长，有的很直。羽毛的颜色像泥土，有的呈单色，有的上面有条纹，雄性和雌性的相貌相似。

物种分类：雀形目，百灵科，云雀属。

特征：云雀中等体型，具灰褐色杂斑，顶冠及耸起的羽冠具细

纹，尾分叉，羽缘白色，后翼缘的白色于飞行时可见。与鹨类的区别在尾及腿均较短，具羽冠且立势不如其直；与日本云雀容易混淆；与小云雀也易混淆，但体型较大，后翼缘较白且叫声也不同。它飞到一定高度时，稍稍浮翔，又疾飞而上，直入云霄，故得此名。

叫声：鸣声在高空中振翼飞行时发出，为持续的成串颤音及颤鸣。告警时发出多变的"吱吱"声。

分布范围：冬季常见于中国北方。亚种dulcivox繁殖于新疆西北部；intermedia于东北的山区；kiborti于东北的沼泽平原。

生活环境：栖于草地、干旱平原、泥淖及沼泽。

生活习性：多数云雀以食地面上的昆虫和种子为生。所有的云雀都有高昂悦耳的声音。在求爱的时候，雄鸟会唱着动听的歌曲，在空中飞翔，或者响亮地拍动翅膀，以吸引雌鸟的注意。正常飞行起伏不定。警惕时下蹲。

第五章
空中演员——蜂鸟

　　蜂鸟是雨燕目蜂鸟科动物约300种的统称，是世界上已知最小的鸟类。蜂鸟身体很小，能够通过快速拍打翅膀悬停在空中。蜂鸟因拍打翅膀的"嗡嗡"声而得名。蜂鸟是唯一可以向后飞行的鸟。

蜂鸟的起源

　　蜂鸟的体型太小，骨架不易保存成为化石，它的演化史至今仍是个谜。现在的蜂鸟大多生活在中南美洲，在南美洲曾发现100万年前蜂鸟的化石，因此科学家认为蜂鸟是源自更新世。然而在德国南部，科学家却发现了目前世界上最古老的蜂鸟化石，距今已有3000多万年的历史，由此可知，蜂鸟的祖先远在渐新世的时候就已经出现。

在所有鸟类当中，蜂鸟可以算是体态最优美、色彩最艳丽的了，可谓大自然的杰作，轻盈、迅疾、敏捷、优雅、华丽的羽毛、宝石般的光芒都是对它们的描述。它们以花蜜为食，不停地在花朵间穿梭飞舞，就像是花丛中跳动的一只小彩球，非常好看。

蜂鸟有300多种，绝大多数都生活在中美洲和南美洲。居住的范围十分广阔，从高达4000米的安第斯山地一直到亚马孙河的热带雨林都有它们飞舞的身影。有的蜂鸟生活在干旱的灌木丛林，也有的蜂鸟生活在潮湿的沼泽地。

世界上最小的鸟

蜂鸟色彩鲜艳，常和雨燕同列于雨燕目，亦可单列为蜂鸟目。分布局限于西半球，在南美洲种类极多。约有12种常在美国和加拿大，只有红玉喉蜂鸟繁殖于北美东部新斯科舍到佛罗里达。分布最北的是棕煌蜂鸟，繁殖于阿拉斯加的东南部到加利福尼亚的北部。蜂鸟是最小的鸟类。南美西部最大的巨蜂鸟也不过20厘米长，约20

克重。最小的蜂鸟见于古巴和松树岛，长约5.5厘米，重约2克。蜂鸟也是世界上最小的温血动物（恒温动物）。

蜂鸟，肌肉强健，翅桨片状，甚长，能敏捷地上下飞、侧飞和倒飞，还能原位不动地停留在花前取食花蜜和昆虫。体羽稀疏，外表鳞片状，常显金属光泽。少数种雌雄外形相似，但大多数种雌雄有差异。雄鸟有各种漂亮的装饰，颈部有虹彩围涎状羽毛，颜色各异。其他特异之处是由冠和翼羽的短粗羽轴，抹刀形、金属丝状或旗形尾状，大腿上有蓬松的羽毛丛（常为白色）。嘴细长，适于从花中吸蜜。刺嘴蜂鸟属和尖嘴蜂鸟属的嘴短，但是剑喙蜂鸟属的嘴极长，超过其体长21厘米之半。许多种类的嘴稍下弯。镰喙蜂鸟属的嘴很弯。而翘嘴蜂鸟属与反嘴蜂鸟属的嘴端上翘。

令人震惊的飞行能力与技能

在鸟类动物中，最小的蜂鸟体积比虻还小，体重只有2.5至3.5克，粗细不及熊蜂，卵重0.2克，和豌豆粒差不多。它的喙是一根细针，舌头是一根纤细的线；它的眼睛像两个闪光的黑点；它翅上的羽毛非常轻薄，好像是透明的；它的双足又短又小，不易为人察觉；它极少用足，停下来只是为了过夜；它飞翔起来持续不断，而且速度很快，发出嗡嗡的响声。它双翅的拍击非常迅捷，所以它在空中

停留时不仅形状不变，而且看上去毫无动作，像直升飞机一样悬停，只见它在一朵花前一动不动地停留片刻，然后箭一般朝另一朵花飞去。它用细长的舌头探进花朵，吮吸它们的花蜜，而且仿佛这是它舌头的唯一用途。

人们看见它狂怒地追逐比它大20倍的鸟，附着在它们身上，反复啄它们，让它们载着自己翱翔，一直到平息它微不足道的愤怒。有时，蜂鸟之间也发生非常激烈的搏斗。

蜂鸟飞行时，翅膀的振动频率非常快，每秒钟在50次左右，它能飞到四五千米的高空中，速度可以达到每小时50千米，因此人们很难看到它们。最令人吃惊的是，蜂鸟的心跳特别快，每分钟可达到500次，大约是人类的8倍。另外，有些蜂鸟有迁徙的习性。

虹彩蜂鸟和多数种类的蜂鸟不结对，而紫耳蜂鸟和少数其他种类则成对生活，并且由两性共同育雏。大多数种类的雄鸟都以猛飞猛冲的方式保卫占区（占区是它向过路雌鸟炫耀的场所）。雄鸟常在雌鸟前面盘旋，使阳光反射颈部色泽。占区的雄鸟追逐同种或不同种的蜂鸟，向大型鸟（如乌鸦和鹰）甚至向哺乳类（包括人）猛冲。多数蜂鸟（尤其较小的种类）发出刮擦声、喊喊喳喳或吱吱的叫声；但在做U形炫耀飞行中，翅膀常发出嗡嗡、嘶嘶声或爆音，像其他鸟的鸣声；许多种类的尾羽也发出声音。

在所有动物当中，蜂鸟的体态最妍美，色彩最艳丽。它身上闪烁着绿宝石、红宝石、黄宝石般的光芒，它从来不让地上的尘土玷污它的"衣裳"，终日在空中飞翔，偶尔擦过草地，在花朵间穿梭，主要以花蜜为食。

各种蜂鸟分布在新大陆最炎热的地区，主要在南美洲。它们数量众多，但仿佛只活跃在两条回归线之间，有些在夏天把活动范围扩展到温带，但也只短暂的逗留。

新陈代谢最快的鸟

为适应翅膀的快速拍打，蜂鸟的新陈代谢在所有动物中是最快的，它们的心跳能达到每分钟500下。蜂鸟每天消耗的食品远超过它们自身的体重，为了获取巨量的食物，它们每天必须采食数百朵花。有时候蜂鸟必须忍受好几个小时的饥饿。为了适应这种情况，它们能在夜里或不容易获取食物的时候减慢新陈代谢速度，进入一种像冬眠一样的状态，称为蛰伏。在蛰伏期间，心跳的速率和呼吸的频率都会变慢，以降低对食物的需求。

世界上最小的鸟卵

　　蜂鸟有的结队，有的不结队。一般情况下，雄鸟不参与建筑巢穴，由雌鸟单独做巢。蜂鸟的巢是杯状的织物，由植物纤维、蛛网、地衣和苔藓构成，这有利于保持卵的孵化温度以及幼雏的保暖，它通常悬挂在树枝、洞穴、岩石表面或大型的树叶上。

　　虽然蜂鸟的鸟卵就像豌豆粒那么大，是鸟卵中最小的，但相对于雌蜂鸟来说，也算不小了，其卵重约为雌鸟体重的10％。卵的孵化期通常为15～19天。

在繁殖时，由雌鸟单独做巢、孵卵和哺育雏鸟。每窝产卵2枚（偶见3~4枚）。卵为椭圆形白色。两枚卵的产卵间隔为48小时。刚孵出的幼鸟无视力，身上无毛。给幼雏喂食时，雌鸟盘旋翱翔，将嘴伸入幼雏的喉中，灌注花蜜或小的昆虫。喂饲时间为20~40天。蜂鸟的巢可以

长期使用。一年内可以产2窝，一年内产3窝的也偶尔可见。雌鸟一年后达到性成熟，雄鸟要在独立生活数月后，才可以求偶和发出召唤鸣叫。

蜂鸟惊人的记忆

尽管蜂鸟的大脑最多只有一粒米大小，但它们的记忆能力却相当惊人。来自英国和加拿大的科研人员最近发现，蜂鸟不但能记住自己刚刚吃过的食物，甚至还能记住自己吃的时间，因此可以轻松地吃那些还没有被自己"光顾"的东西。

路透社报道，自然界中的蜂鸟都拥有自己的势力范围，它们不但能清楚记住自己曾采过哪些鲜花的蜜，甚至能判断光顾这些花朵的大概时间，进而根据不同植物重新分泌花蜜的规律来寻找新的食物。这样，当蜂鸟再次出动的时候，就能做到不去骚扰那些已被自己采空花蜜的植物。研究人员指出，这些惊人的举动让蜂鸟成为唯一一种能记住"吃东西地点和时间"的野生动物。此前，科学家认为，只有人类才会具有类似的判断能力。

据悉，有种加拿大蜂鸟每年冬天都要从寒冷的落基山脉飞行数千公里抵达温暖的墨西哥地区越冬，第二年春天它们还要再次千里迢迢地返回落基山繁育后代。科学家因此推测，蜂鸟拥有惊人记忆力的原因是，由于自身个体太小，年复一年的长途跋涉又需要很长时间，它们不能将宝贵的时间花费在寻找食物的工作上。研究人员宣称，小小的蜂鸟最多能分清楚八种不同类别鲜花的花蜜分泌规律。

喜爱红色"奶瓶"的蜂鸟

蜂鸟喜欢有花植物，尤其是红色花，包括小虾花、倒挂金钟（又名吊钟花、吊钟海棠、灯笼海棠）、钓钟柳类的植物等。蜂鸟在采食那些长筒花的花蜜时好像是在吸吮"奶瓶"。于是，人们就做成红色的花形器具来招引蜂鸟。这就是蜂鸟的"奶瓶"。

蜂鸟的"奶瓶"应每周清洗和更换糖水，如果气候暖和的话，要更频繁些，如果有发现黑色霉菌时必须更换。"奶瓶"应在氯漂白粉溶液中浸泡，蜂鸟不愿意使用肥皂清洗过的"奶瓶"，它们不喜欢肥皂的气味。

蜂鸟有时会误入车库并被困住，因为它们将悬挂的门闩手柄（通

常为红色）误以为是花朵，一旦被困在里面，蜂鸟可能无法逃脱，因为它们在遇到威胁或被困住的时候本能反应是向上飞。这将威胁到蜂鸟的生命，它们会因为体力耗尽而在短时间内死亡，可能短于一个小时。如果蜂鸟被困在里面，它可以轻易地被抓住并释放到室外。被抓在手中时它会保持安静直到被释放为止。

第六章
鸣声悦耳的黄鹂

　　黄鹂是中等体型的鸣禽，是黄鹂科黄鹂属29种鸟类的通称。体羽一般由全黄色的羽毛组成。雄性成鸟的鸟体、眼先、翼及尾部均有鲜艳分明的亮黄色和黑色分布。雌鸟较暗淡而多绿色。幼鸟偏绿色，下体具细密纵纹。黄鹂也是文学作品中常描写的对象。

黄鹂的外形特征

　　黄鹂科鸟类通称黄鹂。共有2属29种，中国有6种。黄鹂为中型雀类。羽色鲜黄，嘴与头等长，较为粗壮，嘴峰略呈弧形，稍向下曲，嘴缘平滑，上嘴尖端微具缺刻，嘴须细短，鼻孔裸出，上盖以薄膜。翅尖长，具10枚初级飞羽，第1枚长于第2枚之半。尾短圆，尾羽10枚。跗蹠短而弱，适于树栖，前缘具盾状鳞，爪细而钩曲。雌雄羽色相似但雌羽较暗淡，幼鸟具纵纹。

最具代表性的黑枕黄鹂

黑枕黄鹂为黄鹂的典型代表。黑枕黄鹂又称黄莺，体长22～26厘米，通体鲜黄色，自脸侧至后头有一条宽黑纹，翅、尾羽大部为黑色。嘴较粗壮，上嘴先端微下弯并具缺刻，嘴色粉红。翅尖而长，尾为凸形。腿短弱，适于树栖，不善步行。腿、脚铅蓝色。雌鸟羽

色染绿，不如雄鸟羽色鲜丽。幼鸟羽色似雌鸟，下体具黑褐色纵纹。黄莺不但羽衣华丽，鸣声也悦耳，繁殖期雄鸟常发出似猫叫的鸣声。鸣声清脆，富有音韵。

黄鹂的生活习性

　　黄鹂主要生活在阔叶林中，取食昆虫，也吃浆果。黄鹂属鸟类为著名食虫益鸟，羽色艳丽，鸣声悦耳动听。黄鹂胆小，不易见于树顶，但能从其响亮刺耳的鸣声判断其所在。

　　黄鹂大多数为留鸟，少数种类有迁徙行为，迁徙时不集群。栖息于平原至低山的森林地带或村落附近的高大乔木上，树栖，在枝间穿飞觅食昆虫、浆果等，很少到地面活动，古人称为"莺梭"。巢似摇篮，深环状，用干草、枯枝、竹叶、草茎做成，再用细根、卷

须及蛛丝缀合，内铺松针、兽毛、草穗，悬挂于柔弱的枝柯梢头，随风摇曳，很难获取。它的营巢技术，颇有女性的细心和精巧。

栖树时体姿水平，羽色艳丽，鸣声悦耳而多变。飞行姿态呈直线型。

黄鹂的分布范围

黄鹂科鸟类主要分布于除新西兰和太平洋岛屿以外的东半球热带地区，计有2属29种，广布于古北界和东洋界。中国有1属5种另4亚种。欧洲唯一的种为金黄鹂，黄色，眼周及翅黑色，体长24厘米，向东分布至中亚及印度。非洲金黄鹂与之相似。栗色黄鹂产于亚洲，分布于喜马拉雅至中南半岛，体色深红，有光泽。绿黄鹂产于北澳大利亚，仅以果实为食。

如何喂养黄鹂鸟

黄鹂属软食鸟。刚捕获的野生黄鹂，常会因胆怯拒食而渐渐体力衰竭而死亡，因此开始要进行人工填喂。以长2厘米、宽1.5厘米外裹点颏粉的瘦猪肉或牛、羊肉条填喂，每天4次。注意不要掰伤鸟嘴。同时，在食罐内放入粥状点颏粉，表面撒上一些黄粉幼虫，诱其啄食，并且不放水罐，促使黄鹂饮食罐中表层的水利于"换食"。

随着黄鹂自己取食的情况，逐渐减少人工填食次数，一般7～10天即可达到自己完全取食。在黄鹂"换食"期间，笼内宜暗，可用画眉的板笼或其他用笼罩套起的鸟笼。初期尽量保持安静，除填食外不要轻易窥探或惊动，待能自取食后，再逐渐打开笼罩。

野生的黄鹂繁殖期为5～8月，巢筑在近树梢的水平枝上，呈吊篮状，以麻丝、碎纸、棉絮、草茎等编成。每窝产卵2～4枚，粉红色，带有紫红色的斑点。孵化工作完全由雌鸟担任，孵化期14～16天。育雏活动由雄鸟和雌鸟共同担任。雏鸟的食物全部是昆虫，初期以蛾类的幼虫为主，中期及末期则辅以蛾类和小型的蝉类等。哺育期约为16天，雏鸟离巢后的最初1～2天仍由亲鸟哺食。幼雏出巢后不久，约在8月下旬就开始南返。

大自然的歌唱家

　　黄鹂是大自然的"歌唱家"。鸣声圆润嘹亮，富有韵律，清脆优美，悦耳动听。古人把它的鸣啭称为"莺歌""黄簧"，是诗人经常歌咏的对象。古人以莺音入诗者，如"春日载阳，有鸣仓庚""莺歌暖正繁""暖入黄簧舌渐调""夏木阴阴啭黄莺""隔叶黄鹂空好音""两个黄鹂鸣翠柳""树树树梢啼晓莺"等。

　　《世说新语补》载，南朝刘宋时的戴埔最爱听莺，春天他常"携双柑斗酒"出游，问他去哪里，回答说："往听黄鹂声。"杜甫也爱莺声，他的《斗莺》诗云："哑咤人家小女儿，半啼半歇隔花枝。"他用拟人手法把花枝后面的黄鹂，比喻成妙龄少女的歌声。当今，人们常把少女的语音称为"燕语莺音"，大概就是源于杜甫的诗句吧。

第七章
"裁缝专家"——缝叶莺

缝叶莺，鸟纲，鹟科，莺亚科，缝叶莺属各种的通称。缝叶莺共有9个品种。它们头部呈橙黄色，尾部呈灰白色，身体羽毛橄榄绿或暗褐色，体长10厘米左右，生活在村庄的树木和灌木丛中，忙忙碌碌地捕捉花朵和枝叶上的昆虫，是一种食虫益鸟。缝叶莺被人们誉为"裁缝专家"。

自然界的能工巧匠

　　缝叶莺，属于鹟科莺亚科缝叶莺属。缝叶莺是一种出没在东南亚的鸣禽，从印度到菲律宾，再往南直至东印度群岛都会发现它们的踪迹。缝叶莺共有9个品种。它们大约体长为11厘米，头部呈橙黄色，尾部呈灰白色。缝叶莺以它独特的筑巢法而闻名。它以一片大的植物叶（两片或更多的小片叶子）卷曲缝合而筑巢。用细长的嘴在叶边上穿一排小孔，再将植物纤维、昆虫丝穿过小孔构成单独的圈，在外边打结，直至叶子形成一个口袋的形状。缝叶莺把巢系在树上。雌性鸟会产3～6个蛋。

　　缝叶莺，顾名思义是会缝纫的鸟。在鸟的王国中，缝叶莺以独特的筑巢本领而闻名于世。它身体小巧玲珑，嘴尖脚细，性情活泼，十分逗人喜爱。缝叶莺和莺同属一科，它的体态和羽色跟莺很相似。长尾缝叶莺体长约11厘米，比麻雀稍小，而尾巴则有5~6厘米。它的头顶呈红褐色，眼周和眉纹为淡黄色，头部白色。上体的羽毛是橄榄绿色，其他的羽毛则暗褐带黄。缝叶莺的喙细长而微微弯曲，两脚瘦长而强劲有力。

"缝纫"技巧高超的缝叶莺

自然界中许多动物的一些习性或技能会给人类以启示。鸟是人类的朋友，人们常能看到它们轻盈的姿态，听到它们清脆悦耳的歌声。令人惊奇的是，很多鸟儿有着让人叹为观止的绝活，比如缝叶莺高超的"缝纫"技术。我们人类的缝纫技术是不是也从缝叶莺那里得到了启示呢？

缝叶莺常常在公园、果园、树篱和灌木丛中筑巢。每年春天，雌雄缝叶莺纷纷寻找情侣，双双结伴，共同营建自己的安乐窝。

缝叶莺作为鸟类中的"缝纫能手"，以缝纫筑巢的高超本领令世人称奇。缝叶莺于每年4~8月开始交配。这时莺妈妈便开始了繁忙的工作。

它们缝叶筑巢，为自己的孩子建造一个温馨舒适的家园。缝叶莺筑巢的地方多为安全隐蔽的芭蕉等大叶上，并用垂下的树叶作为基本材料。它们先用嘴叼住树叶的一端，同时配合脚用力拨树叶，使之变成长长的像袋子一样的形状，然后缝叶莺便开始缝纫工作。它们用又长又尖的嘴做针，在叶子边上穿出一个小孔；用找好的蚕丝、植物纤维等做线，在双脚的配合下，穿针引线，树叶就被巧妙地缝合起来了。

令人惊叹的是，缝叶莺还会像人类一样一边缝一边打结，以防脱线。当然，后期工作还在继续，为了防止巢的根基脱落，它们还会用草茎等将根部加固，可谓是天衣无缝。缝叶莺的巢被建造得具有一定的倾斜度，这样能够很好地避免雨水淋湿干燥的巢窝。最后，成双成对在树林中飞来飞去，四处寻找枯草、羽毛和植物纤维，衔回来垫在窝里，做成一个温暖而舒适的"睡床"，然后欢欢喜喜开始了"蜜月"生活。它们就是在这样一个安全、温暖、舒适的环境中养育自己儿女的。

　　人类虽然是万物之灵，但是在动物界中也存在着许多"能工巧匠"。可能这些"能工巧匠"们不经意间就或多或少给人们以帮助，使人类不断前进。

第八章
头顶红冠的丹顶鹤

　　丹顶鹤是鹤类中的一种，因头顶有红肉冠而得名。它是东亚地区所特有的鸟种。它体态优雅、颜色分明，是吉祥、忠贞、长寿的象征，为一级保护动物。丹顶鹤也叫仙鹤、白鹤（其实白鹤是另一种鹤属鸟类）、鹭鹚，中国古籍文献中对丹顶鹤有许多称谓，如《尔雅翼》中称其为"仙禽"，《本草纲目》中称其为"胎禽"。

头戴小红帽的鹤

丹顶鹤的外形特征

　　丹顶鹤身长120～150厘米，翅膀打开约200厘米。丹顶鹤具备鹤类的特征，即三长——嘴长、颈长、腿长。嘴为橄榄绿色。成鸟除颈部和飞羽后端为黑色外，全身洁白，头顶皮肤裸露，呈鲜红色，

长而弯曲的黑色飞羽呈弓状，覆盖在白色尾羽上，特别是裸露的朱红色头顶，好像一顶小红帽，因此得名。喉、颊和颈为暗褐色。幼鸟体羽棕黄，喙黄色。亚成体羽色黯淡，2岁后头顶裸区红色越发鲜艳。

　　传说中的剧毒鹤顶红（也有称鹤顶血）正是指此处的鲜血，但纯属谣传，鹤血是没有毒的。古人所说的"鹤顶红"其实是砒霜，即不纯的三氧化二砷，鹤顶红是古时候对砒霜隐晦的说法。

丹顶鹤的生活习性

　　丹顶鹤为杂食性，主要食用浅水中的鱼虾、软体动物以及某些

第八章　头顶红冠的丹顶鹤

植物根茎，因季节不同而有所变化。春季以草籽及作物种子为食。夏季食物较杂，动物性食物较多，主要有小型鱼类、甲壳类、螺类、昆虫及其幼虫等，也食蛙类和小型鼠类；植物型食物有芦苇的嫩芽和野草种子等。

丹顶鹤每年要在繁殖地和越冬地之间进行迁徙，只有日本北海道的丹顶鹤是当地的留鸟，不进行迁徙，这可能与冬季当地人有组织地投喂食物，食物来源充足有关。

迁徙时，丹顶鹤总是成群结队迁飞，而且排成"人"字形。"人"字形的角度是110°。更精确的计算还表明"人"字形夹角的一半——即每边与鹤群前进方向的夹角为54°44′8″（与金刚石结晶体的角度相同）。

丹顶鹤在越冬地自10月下旬到翌年3月上旬约4个月（在江苏盐城越冬期为131～134天）以家族形式活动，每个家族多为2～4只，常为2成1幼，亚成体10～20只结成小群。

丹顶鹤的栖息地

丹顶鹤的栖息地主要是沼泽和沼泽化的草甸，也栖息在湖泊、河流边的浅水、芦苇荡的沼泽地区或水草繁茂的有水湿地。通常栖息地有较高的芦苇等挺水植物以利于隐蔽。

喜好"二重唱"的鹤

一般从外形是不易区别丹顶鹤的雌雄，而其鸣声的音调和频率会因性别、年龄、行为、环境条件的不同而有很大的差异。

繁殖期的雄鸟在与雌鸟对鸣时，头部朝天，双翅频频振动，在一个节拍里发出一个高昂悠长的单音；雌鸟的头部也抬向天空，但不振翅，在一个节拍里发出两三个短促尖细的复音。这种"二重唱"不仅是对爱情的表白，也是对企图入侵者的警告，而且还能促使雄鸟和雌鸟性行为的同步，保证繁殖的成功。

雏鸟的鸣叫声主要有索取食物、保持联系和也许是出于某种生理需要等含义。丹顶鹤的鸣声非常嘹亮，作为明确领地的信号，也是发情期交流的重要方式。

丹顶鹤的繁殖

　　丹顶鹤属于单配制鸟，若无特殊情况可维持一生。每年的繁殖期从3月开始，持续6个月，到9月结束。它们在浅水处或有水湿地上营巢，巢材多是芦苇等禾本科植物。丹顶鹤每年产一窝卵，产卵一般2～4枚。孵卵由雌雄鸟轮流进行，孵化期31～32天。雏鸟属早成雏。雏鸟3月龄会飞，2岁性成熟，寿命可达50～60年。

　　中国在丹顶鹤等鹤类的繁殖区和越冬区建立了扎龙、向海、盐城等一批自然保护区。江苏省盐城自然保护区，越冬的丹顶鹤一年有600多只，成为世界上现知数量最多的丹顶鹤越冬栖息地。

"湿地之神"——丹顶鹤

丹顶鹤在中国历史上被公认为一等"文禽",清朝文职一品胸前绣制的图案(补子)即是鹤。

传说中的仙鹤,就是指丹顶鹤。它生活在沼泽或浅水地区,常被人冠以"湿地之神"的美称,但由于丹顶鹤寿命长达50～60年,所以人们常常把它和松树绘在一起,作为长寿的象征。其实,它与生长在高山丘陵中的松树毫无缘分。

东亚地区的居民,用丹顶鹤象征幸福、吉祥、长寿和忠贞。在

中国，殷商时代的墓葬中，就有鹤的形象出现在雕塑中；春秋战国时期，鹤体造型的青铜礼器就已出现；道教中丹顶鹤飘逸的形象已成为长寿、成仙的象征；在中国古代的传说中，仙鹤常常作为仙人的坐骑而出现。可见仙鹤在中国文化中具有相当的分量。

迄今，中国国家林业局已经把丹顶鹤作为唯一的国鸟候选鸟。

鹤是卵生的，古代有人以它为仙禽，就说成是胎生的（见鲍照《舞鹤赋》）。但鹤胎生说法的错误早就被人洞晓了。《墨客挥犀》有一段记载说："刘渊材迂阔好怪，尝畜两鹤。客至，夸曰：'此仙禽也，凡禽卵生，此禽胎生。'语未卒，园丁报曰：'鹤夜半生一卵。'渊材呵曰：'敢谤鹤耶！'未几，延颈伏地，复诞一卵。渊材叹曰：'鹤亦败道，吾乃为刘禹锡嘉话所误。'"

第九章
百鸟之王——孔雀

孔雀历来被誉为"百鸟之王"，是体型最大的雉科鸟类。雄鸟全长约140厘米，雌鸟约100厘米。雄鸟体羽翠蓝绿色，下背闪紫铜色光泽。头顶有一簇直立的羽冠。尾上覆羽延伸成尾屏，可达1米以上，形成孔雀特有的尾屏。开屏时显得异常艳丽、光彩夺目。

绽放青春的王

　　孔雀是鸡形目雉科两种羽衣非常华美的鸟类的统称。严格来说，英语中Peacock专指"百鸟之王"雄孔雀，Peahen指雌孔雀，雌雄孔雀合称Peafowl。孔雀属的两个种是印度和斯里兰卡产的蓝孔雀和分布于缅甸到爪哇的绿孔雀。根据1913年一次考察时发现的一根羽毛进行搜寻，至1936年发现刚果孔雀，其实刚果孔雀不是孔雀（孔雀属），只是和孔雀长的比较像而已。

　　孔雀属的两个种的雄体体长90～130厘米，具一条长达150厘米的尾屏，呈鲜艳的金属绿色。尾屏主要由尾部上方的覆羽构成，这些覆羽极长，羽尖具虹彩光泽的"眼圈"，周围绕以蓝色及青铜色。求偶表演时，雄孔雀将尾屏下的尾部竖起，从而将尾屏竖起及向前，求偶表演达到高潮时，尾羽颤动，闪烁发光，并发出嘎嘎响声。

　　孔雀无论在古代东方还是西方都是十分尊贵的象征。在东方的传说中，孔雀是由百鸟之长凤凰得到交合之气后育生的，与大鹏为同母所生，被如来佛祖封为大明王菩萨。在西方的神话中，孔雀则是天后赫拉的圣鸟，因为赫拉在罗马神话中被称为"朱诺"，因此孔雀又被称为"朱诺之鸟"。

　　孔雀是国家鼓励养殖的集观赏、食用、保健于一身的珍禽。孔雀肉是高蛋白、低脂肪、低胆固醇的野味珍品，营养价值高，肉味鲜美，有"水中老鳖，禽中孔雀"之说。

《本草纲目》禽部第四十九卷记载"孔雀辟恶，能解大毒、百毒及药毒"。其解毒功效甚至超过穿山甲。经现代科技证实，孔雀肉营养种类齐全，富含各种微量元素，氨基酸配比接近国际粮农组织及世界卫生组织推荐的理想模式。孔雀肉肉质瘦，其脂肪、胆固醇、热量指标均优于普通禽类、兽类及淡水鱼，达到美国新食品标准法规定的极瘦肉类标准。

孔雀骨胳的骨钙含量高，钙磷比优于牛奶，与人奶钙磷比几乎一致，是优质补钙营养源。

所以，孔雀是世界上最美、最有饲养价值的动物之一。

爱炫耀的蓝孔雀

　　蓝孔雀的炫耀行为举世闻名，它同时也是雍容华贵的象征。这种鸟会在它们高傲的蓝颈后面展开一道巨大的扇形屏，由200枚以上色彩缤纷的羽毛组成，上面装饰着许多闪闪发光的"眼睛"。蓝孔雀的体羽主要是有金属光泽的蓝绿色。雌鸟的体羽呈绿和褐色相间，体大小几如雄鸟，但无长尾屏。栖息于开阔低地的森林中，白天结群，夜间栖于高树上。在生殖季节每只雄孔雀拥有2~5只雌孔雀。每只雌鸟产4~8枚微白色卵，产于地面洼处。

　　蓝孔雀虽原产湿热地区，但也能在北方冬季生存。

　　蓝孔雀也是养殖最多的孔雀种类。在经国家批准养殖孔雀后，在全国各地都出现了孔雀的养殖，有效地减少了对孔雀的恶意虐杀，同时还满足了人们对珍禽野味的需求。孔雀全身都是宝，人工养殖的孔雀可供食用、观赏，还可以作为各种工艺品或标本。

鸟中皇后——绿孔雀

绿孔雀是国家一级保护动物，被称为"鸟中皇后"。其主要颜色有6种，分别为紫铜色、绿色、紫色、蓝色、黄色、红色，雌孔雀背部呈浓褐色泛有绿光。

雄性绿孔雀，羽毛翠绿，下背闪耀紫铜色光泽。尾上覆羽特别发达，平时收拢在身后，伸展开来长约1米，就是所谓的"孔雀开屏"。这些羽毛绚丽多彩，羽支细长，犹如金绿色丝绒，其末端还具有众多由紫、蓝、黄、红等颜色构成的大型眼状斑，开屏时反射着光彩，好像无数面小镜子，鲜艳夺目。它们身体强壮，雄鸟长约1.4米，雌鸟全长约1.1米。头顶上那簇高高耸立着的羽冠，也别具风度。

珍贵的变种——黑孔雀

黑孔雀属于鸡形目，雉科，主要产于巴基斯坦、印度和斯里兰卡等地，栖息于2000米以下的开阔稀疏草原或有灌木丛、竹丛的开阔地带，属于留鸟，寿命25年左右，多配偶。黑孔雀是野生蓝孔雀的变异品种，数量极其稀少，是极为珍贵的观赏鸟。印度动物园已经培育出了具有繁殖能力的黑孔雀，2000年在中国云南的一个蓝孔雀养殖场中曾经孵化出一只黑孔雀，不幸的是这只黑孔雀没能存活到成年。

黑孔雀属于孔雀家族中极为珍贵的变异品种，变异率低于1/1000。造成黑孔雀数量稀少的原因主要有3个：第一，基因突变本身具有低频性。第二，根据科学研究，黑孔雀的产生有可能是从小一起长大的雌雄孔雀近亲交配的产物，本身具有致死基因，因此抵抗疾病等外界不利因素的能力均很弱，尤其在幼鸟时期，死亡率极高。第三，黑孔雀全身羽毛主要为黑色，颜色单调，对于雌鸟来说缺乏吸引力，难以吸引异性交配，导致其留下后代的机会较少。当前印度的一些动物园中已经培育出了能够繁育的黑孔雀，而中国尚未成功培育成年黑孔雀。

洁白无瑕的白孔雀

　　白孔雀，是印度孔雀的变异。其全身洁白无瑕，羽毛无杂色，眼睛呈淡红色。开屏时，白孔雀就像一位美丽端庄的少女，穿着一件雪白高贵的婚纱，左右摆动，翩翩起舞，非常美丽。孔雀作为颜色多变的鸟类，白色并无特别，也非白化病的表现。孔雀的习性即是白孔雀的习性。那么为什么白孔雀较为罕见呢？原来在雌孔雀眼里，雄白孔雀的单调色彩不会有蓝孔雀和绿孔雀的斑斓那么有吸引力。

　　平均一千只蓝孔雀中才能变异出一只白孔雀，黑孔雀的概率则低于千分之一。

孔雀为什么要开屏

　　孔雀虽以美丽而著称，但并不是所有的孔雀都很漂亮，雌雄孔雀在外貌上是极不相称的。以绿孔雀为例，雌孔雀的全身羽毛大都呈灰褐色，点缀着不规则的暗色斑纹。而雄孔雀却长得很美，它头上长着6～7厘米的冠羽，面部露出金黄和天蓝的色泽。头、颈和胸部丰满的绿色羽毛上，镶嵌着黄褐色的横纹。特别引人注目的是那裙带般排列整齐的尾羽，每枚尾羽上都有宝蓝色的眼斑依次排列，两边分披着华丽的小羽枝，闪耀着夺目的光泽。绿孔雀性情温和，喜欢成群活动，当它们一起从树梢上飞过时，像一片绿色的云彩，格外好看。

　　孔雀的美丽羽毛历来是人们喜爱的装饰品。清代时，以其与褐马鸡的尾

羽配合制成"花翎",以翎眼多寡区别官阶等级。孔雀的行为举止宛若舞姿,民间模仿其动作编成"孔雀舞",矫健优美,令人陶醉。

其实,孔雀开屏不单单是为了炫耀自己的美丽,而是有一定的生理原因。原来,每年4~5月,是雄孔雀争艳比美、寻找伴侣的季节。这时候,它的羽毛焕然一新。它们在山脚下开阔的草丛、溪河两边或田野附近活动,不时用力摇晃身体,竖起美丽的尾羽,紧紧地跟随在雌孔雀的身边,得意洋洋地踱步,不时翩翩起舞,以博得雌孔雀的青睐。

孔雀一年内大部分时间成小群或与家庭成员一起生活。然而,在繁殖期,它们变得独来独往,且非常好斗。每只雄性成鸟会回到它在以前的繁殖期曾占据的地方,重夺它的领域权。为了表明自己的存在,它会威胁入侵者,并发出响亮的鸣叫声。领域很小,面积

为 0.05～0.5公顷，以森林和灌木丛中的空旷地为中心。这些领域往往紧挨在一起，因此雄孔雀很清楚它们相互之间距离很近。偶尔，某只涉世不深的雄鸟会挑战它资深的邻居，于是一场旷日持久的暴力争斗便会随之而来。争斗双方神经高度紧张地围着对方转，寻找着机会，然后突然跳起

来用爪猛击对方。如果势均力敌，那么这场战斗有可能会持续一整天甚至更长时间，而其他孔雀则像人们观看拳击比赛那样在旁边兴致勃勃地观看。不过很少会出现斗得头破血流的场面，胜利者常常是更富有耐心和毅力的一方，它最终会将对手驱逐走。

孔雀在领域内有1～4个特定的炫耀点，在那里跳著名的"孔雀舞"。这些地点均是它精心挑选的，最典型的是一种由灌木、树木或墙壁所围起来的"龛"结构，长宽不超过3米。在英国的一个公园里，一只雄孔雀竟使用一个露天剧场的舞台来作为它的炫耀地。

雄孔雀在这些地点附近耐心等待，直至看见一只或数只雌孔雀

过来，它便走到炫耀点，然后彬彬有礼地转过身背对着雌孔雀，簌簌有声地缓缓抖开它那巨大的屏，让每只"眼睛"都"睁开"。接下来，它开始有节奏地上下摆动翅膀。随着雌孔雀走近，它会保持让屏无修饰的背面总是面向它们。而雌孔雀则是出了名的对雄孔雀华丽的炫耀无动于衷，到这个阶段为止，它们来到这个地方似乎更多的是出于巧合，而非有意为之。

当雌孔雀进入"龛"后，雄孔雀会快速扇动翅膀朝着雌孔雀后退，而后者则避开它走到炫耀地的中心位置。这显然正是雄孔雀一直所期待的。于是，它猛然转过身来面向雌孔雀，翅膀停止扇动，而是将屏前倾，几乎可以将雌孔雀覆盖。同时，整个屏一阵阵地快速抖动，产生一种清脆响亮的沙沙声。雌孔雀的反应通常是一动不动地站着，于是雄孔雀转过身继续扇动它的翅膀。有时，雌孔雀会快步绕到雄孔雀的面前，然后当它抖翅时，会兴奋地重新跑到它后

面。这一行为会反复好几次。

　　查尔斯·达尔文意识到孔雀的屏是一个进化上的谜。既然这一装饰物纯粹是多余的累赘，为何对雌鸟仍有吸引力？对于这个问题，生物学家罗纳德·费希尔给予了巧妙的回答。他认为雌鸟选择最华丽的雄鸟是为了它们的"儿子"可以继承父亲的魅力。换言之，这是一种从众行为。倘若某只雌鸟表现出与众不同的品味，那么它便会冒着后代缺乏吸引力的风险而被其他雌鸟鄙视为进化倒退。因此，雌孔雀将雄孔雀绚丽的尾羽作为魅力标准而选择最华丽的雄性。另有一种理论认为，雄孔雀尾羽的绚丽程度与年龄成正比，即最漂亮的是正当年的，从而体现了它们的生存能力。所以，这种理论认为华丽的雄鸟必定是优良品种。

　　那么在实际中，雌鸟又是如何选择配偶的呢？答案存在于雄孔雀尾羽的一大特征里。雌鸟在一群炫耀的雄鸟中间走动，对其中几只会回过头来再进行观察，大部分情况下最后会与眼斑最多的雄鸟

107

进行交配。如果是一群雌鸟，它们都会与同一只雄鸟交配。因为眼斑随年龄而增长，因此雌鸟选择的不仅是打扮最"奢侈"的雄鸟，同时也是最富有经验的生存者。

另外，孔雀开屏除了为引起异性的注意外，还是一种厉害的武器。有一位科学家发现，孔雀开屏也是有威胁力的。有一次，他看见一只狼正在逼近孔雀，情况危急万分，孔雀突然开屏，开屏时好像突然出现无数绿色闪亮的"大眼睛"，把狼吓了一跳。等狼反应过来，孔雀已乘机逃走了。

第十章
为爱燃烧的火烈鸟

　　火烈鸟，是鹳形目红鹳科红鹳属的一种，因全身为火红色而得名。分布于地中海沿岸，东达印度西北部，南抵非洲，亦见于西印度群岛。这种外形美丽的鸟类能飞行，但是事先得狂奔一阵以获得起飞时所需动力。

火烈鸟的外形特征与生活习性

火烈鸟体型大小似鹳，嘴短而厚，上嘴中部突向下曲，下嘴较大成槽状，颈长而曲。脚极长而裸出，向前的3趾间有蹼，后趾短小不着地。翅大小适中，尾短，体羽白而带玫瑰色，飞羽黑，覆羽深红，诸色相衬，非常艳丽。

火烈鸟是一种大型涉禽。脖子长，常呈S型弯曲。通体长有洁白泛红的羽毛。红色并不是火烈鸟本来的羽色，而是来自其摄取的浮游生物。据2008年荷兰莱顿大学的科学家弗朗西斯科·布达教授和他的实验小组成员研究，通过精确的量子计算手段，发现火烈鸟、三文鱼、虾、蟹等呈现出诱人的鲜红色的原因，是因为它们都富含Astaxanthin（简称ASTA，中文名字叫虾青素），而动物是无法合成ASTA的。虾、蟹大部分通过食用藻类和浮游生物等获取ASTA。三文鱼除了食用藻类和浮游生物外，还有部分通过食用小虾、小蟹获得ASTA。火烈鸟通过食用小虾、小鱼、藻类、浮游生物等传递ASTA，而使原本洁白的羽毛透射出鲜艳的红色。同时红色越鲜艳则火烈鸟的体格越健壮，越能吸引异性火烈鸟，繁衍的后代就越优秀。火烈鸟的喙比较特别，上喙比下喙小。

火烈鸟栖息于温带、热带盐湖水滨，涉行浅滩，以小虾、蛤蜊、昆虫、藻类等为食。觅食时头往下浸，嘴倒转，将食物吮入口中，把多余的水和不能吃的渣滓排出，然后徐徐吞下。它生性怯懦，喜群栖，常万余只结群。火烈鸟以泥筑成高墩作巢，巢基在水里，高约0.5米。孵卵时亲鸟伏在巢上，长颈后弯藏在背部羽毛中。每窝产卵1～2枚。卵壳厚，色蓝绿。孵化期约1个月。雏鸟初靠亲鸟饲育，逐渐自行生活。因羽色鲜丽，被人饲为观赏鸟。

在非洲的小火烈鸟群是当今世界上最大的鸟群。火烈鸟不是严格的候鸟，只在食物短缺和环境突变的时候迁徙。迁徙一般在晚上进行，如果在白天时则以很高的飞行高度飞行，目的都在于避开猛禽类的袭击。迁徙中的火烈鸟每晚以50～60公里的时速飞行600公里。

一团熊熊燃烧的烈火

　　人们将大火烈鸟称为红鹳、红鹤、火鹤。大火烈鸟雄雌相似，是一种羽色鲜艳、多姿多彩的大型涉禽，体长在130～142厘米。全身的羽毛主要为朱红色，特别是翅膀基部的羽毛，光泽闪亮，远远看去，就像一团熊熊燃烧的烈火，因此得名。

　　大火烈鸟的体形也很奇特，身体纤细，头部很小。镰刀形的嘴细长弯曲向下，前端为黑色，中间为淡红色，基部为黄色。黄色的

眼睛很小，与庞大的身躯相比，显得很不协调。细长的颈部弯曲呈S形，双翼展开达160厘米以上，尾羽却很短。此外，它还有一双又细又长的红腿，脚上向前的3个趾间具红色的全蹼，后趾则较小且平置。整体形态显得高雅而端庄，无论是亭亭玉立之时，还是徐徐踱步之际，总给人以文静轻盈的感觉。

与普通动物通过伪装的方式来逃避天敌不同，大火烈鸟羽毛鲜艳的颜色似乎非常引人注目，特别是一大群大火烈鸟一起飞翔时，其场景蔚为壮观。因此，大火烈鸟事实上是一种很容易被攻击的动物。

当大火烈鸟进行周期性换羽，而体内色素沉积程度还不够时，它新长出的羽毛就是白色的。

动物学家告诉我们，全世界现生存的火烈鸟共有3属5种。除了大火烈鸟外，还有分布于非洲东部和南部、印度西北部、马达加斯加岛等地的小火烈鸟，分布于秘鲁、乌拉圭、火地岛等地的智利火烈鸟，分布于智利和阿根廷西北部的安第斯火烈鸟和分布于秘鲁南部、智利北部、阿根廷西北部的詹姆斯火烈鸟。

所有种类火烈鸟的共同特征是都有长而弯的颈，颈椎骨为18~19枚。翅膀较长，尾羽较短，共有14根。腿瘦长，趾比较短，前三趾完全以蹼相连，后趾平置或阙如。嘴部较高，基部很厚，从中央部位突然向下屈曲，上、下喙列生着似鸭齿状的板形齿，这种结构完全适应于从泥水中滤出小动物或者藻类等微小植物取食的习性。舌为肉质，很发达，直肠也很长。羽色艳丽夺目，主要为白色、红色或粉红色，有些种类的翅膀为黑色。喜欢涉水栖息，以水生植物、鱼、蛙和贝类等为食，集群营巢于水边的地面上。雏鸟为早成性。在《濒危野生动植物种国际贸易公约》中，红鹳科的所有种均被列在附录II中。

大火烈鸟的天堂——纳古鲁湖

　　大火烈鸟的分布范围很广，包括亚洲、欧洲、非洲和美洲的很多地方，共分化为两个亚种。指名亚种又叫茜红鹤、加勒比火烈鸟等，分布于北美洲南部、中美洲和南美洲；另一亚种又叫玫瑰色火烈鸟，分布于欧洲南部、亚洲中部和西部，以及非洲等地。大火烈鸟羽色与指名亚种有很大区别，主要是淡淡的玫瑰红色，远看时为白色，只有翅膀上的覆羽为朱红色，飞羽为黑色，但在不飞行时，几乎完全被覆羽所遮盖。

　　非洲的纳古鲁湖被称为"大火烈鸟的天堂"。每天，湖水之上，总是浮动着一条条红色的彩链，如落英逐逝水，似朝霞映碧池，给雄险的大裂谷平添了几分优柔妩媚的韵致。织成这美丽彩链的，就是大火烈鸟。它们身披白中透红的

粉红色羽衣，两条长腿悠然挺立，红的色调更深一层。远远望去，周身红得就像一团烈火，两腿则红得就像炽燃的两根火柱。

待走近一看，一只只火烈鸟，羽衣的粉红色有深有浅，显得斑斓绚丽。双腿修长倒映水中，好像把火引烧到湖底。两翅不时轻舒慢抖，在湖面掀起道道红色的涟漪。而一旦成千上万只大火烈鸟积聚在一起，一池湖水就顿时被映照得通体红透，成为一片烈焰蒸腾的火海。

第十一章
幽默的学舌专家——鹦鹉

　　鹦鹉，属鹦形目，羽毛艳丽，爱鸣叫。典型的攀禽，对趾型足，两趾向前两趾向后，适合抓握，鸟喙强劲有力，可以食用硬壳果。羽色鲜艳，常被作为宠物饲养。它们以其美丽的羽毛、善学人语技能的特点，为人们所欣赏和钟爱。

典型的攀禽——鹦鹉

　　鹦鹉是典型的攀禽，对趾型足，两趾向前两趾向后，适合抓握。鹦鹉的鸟喙强劲有力，可以食用硬壳果。鹦鹉主要是热带、亚热带森林中羽色鲜艳的食果鸟类。其体形最大的当属紫蓝金刚鹦鹉，身长可达100厘米；最小的是蓝冠短尾鹦鹉，平均身长13厘米。这些鹦鹉携带巢材的方式很特别，不是用那弯而有力的喙，而是将巢材塞进很短的尾羽中，同类的其他的情侣鹦鹉，也是用这种方式携材筑巢的。

　　鹦鹉种类繁多，形态各异，羽色艳丽。有华贵高雅的紫蓝金刚鹦鹉、全身洁白头戴黄冠的葵花凤头鹦鹉、能言善语的亚马孙鹦鹉、五彩缤纷的彩虹吸蜜鹦鹉、小型葵花似的玄凤鹦鹉、小巧玲珑的虎皮鹦鹉和牡丹鹦鹉、大红大绿的折衷鹦鹉、形状如鸽的非洲灰鹦鹉等。泰国2001年发行了一套鹦鹉邮票，分别是绯胸鹦鹉、亚历山大鹦鹉、短尾鹦鹉、花头鹦鹉。其中绯胸鹦鹉、花头鹦鹉在中国境内都有野生种群。绯胸鹦鹉分为大绯胸和小绯胸两种，尤以大绯胸鹦鹉为最。大绯胸鹦鹉是驰名中外的笼鸟，主要产于中国四川省及西藏东部、云南北部，也称大紫胸鹦鹉、四川鹦鹉。

鹦鹉"学舌"探因

相传，唐代有位大富豪叫杨崇义，因被人谋害，惨死于家中。在调查这起案件时，笼中的一只鹦鹉帮了大忙，它一直不停地念一个人的名字。官员对这个人进行了重点盘查，最终证明他是凶手。无独有偶，美国警察根据案发现场的一只鹦鹉的话语，迅速准确地破获了一起重大的盗窃案。

20世纪80年代，一位农民发现了一只迷路的鹦鹉，并根据这只鹦鹉一直反复念叨的一个六位数字，找到了其主人。原来，这六位数字是它主人的电话。

人们常用"鹦鹉学舌"讽刺那些人云亦云、没有独立见解的人。因为鹦鹉不会有意识地说话，它只是模仿人的发音。人说一句，它学说一句，由此才形成了"鹦鹉学舌"这个成语。不过，这也说明鹦鹉有非凡的模仿能力。美国鸟类学家

119

杰纳列养的一只鹦鹉学会了用英、法、德、俄、意、日、汉等10种语言说话。它会用汉语说"热烈欢迎",用英语说"你好",用阿拉伯语说"真主保佑"等。

鸟类世界中能模仿其他动物叫声的不只是鹦鹉,但能学人说话的却只有鹦鹉、八哥等少数几种。这是为什么呢?原来,鹦鹉的舌头与其他鸟类有所不同。它舌根发达,舌尖细长、柔软,而且十分灵活,再加上发达的鸣肌,使得鹦鹉能发出准确、清晰的声音。

当人们经常以简单音节发音的词语作为教鹦鹉说话的内容时,鹦鹉灵巧的舌、高超的模仿能力,使它很快也就学会发出与人所说的一样的一连串音,这就是鹦鹉会说话的原因。

虽然人们将鹦鹉学舌仅仅当做是动物的一种条件反射、一种模仿行为,但科学界也有人将鹦鹉学舌的原因归结于它们的智力水平。如美国亚利桑那州州立大学生物教授伊莱恩·佩普伯格饲养的非洲灰鹦鹉"艾莱克斯"就十分出色。它不仅会学人说话,还能数数,并与研究人员持续对话,甚至显示出基本的交谈技能,令研究鸟类的科学界为之侧目。这只名为"艾莱克斯"的鹦鹉非常年轻,仅18岁,而鹦鹉能活到80岁。研究人员认为,它的脑功能已达到5岁儿童的水平。这个事例显示出鹦鹉具有一定的智力水平与较强的记忆力。也许正因如此,鹦鹉学起舌来才会那么惟妙惟肖吧。